I0075304

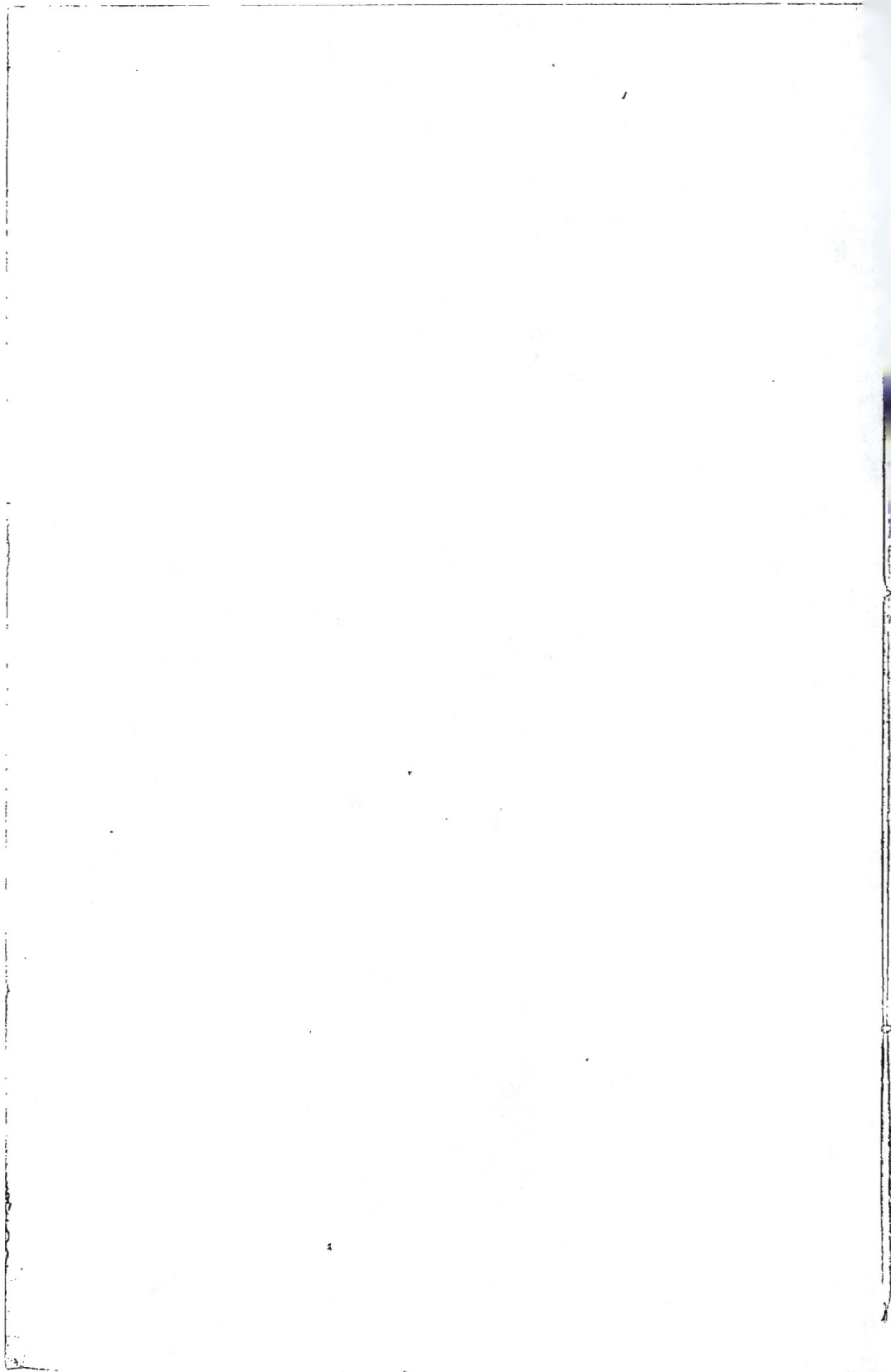

279019

ANTOINE FRANÇON

CRITIQUE

DU DRAINAGE

Pour embellir, pour restaurer, pour assainir, pour fertiliser la planète que nous
habitons, il faut filtrer les eaux pluviales
dans les endroits où elles tombent.

30 Centimes

QUATORZIÈME OPUSCULE

CLERMONT-FERRAND

FERDINAND THIBAUD, IMPRIMEUR-LIBRAIRE,
Rue Saint-Genès, 8-10.

1868.

ŒUVRES DE A. FRANCON.

Exposition des causes de la dégénération physique de l'homme civilisé.

Histoire critique de Napoléon-le-Grand.

Exposition des erreurs prêchées par le Père Ventura à Sa Majesté Napoléon III.

Biographie critique des Hommes illustres, depuis Noé jusqu'à nos jours.

Histoire des préjugés en hygiène, en médecine, en religion, en législation, en agriculture.

Examen philosophique des causes de la grandeur et de la décadence des Romains.

Nouvelle théorie des dartres.

Histoire sommaire du choléra-morbus.

Les ŒUVRES DE A. FRANCON se trouvent rue Blatin, nº 10, à Clermont-Ferrand, chez l'Auteur.

ANTOINE FRANCON

HISTOIRE CRITIQUE

DU

DRAINAGE.

Le drainage est une opération agricole, qui a pour but de débarrasser une terre humide de ses eaux superflues, en pratiquant des rigoles ouvertes ou couvertes.

Lorsqu'une terre est trop humide, ou bien elle doit son état marécageux à des sources souterraines, ou bien elle doit son état marécageux aux eaux pluviales trop abondantes. Dans le premier cas, lorsqu'une terre doit son état marécageux à des sources souterraines, il n'y a pas de doute, il faut drainer en pratiquant des rigoles ouvertes ou couvertes nécessaires pour fertiliser une terre marécageuse.

Dans le second cas, lorsqu'une terre doit son état marécageux aux eaux pluviales, il ne faut pas drainer, parce que les eaux pluviales ne sont en France jamais superflues.

Je conclus que l'emploi général du drainage pour dessécher les terres trop humides, est une faute colossale.

Je conclus que les eaux pluviales ne sont jamais surabondantes en France.

Je conclus qu'il faut loger les eaux pluviales dans le sein des terres pour les fertiliser.

Je me suis transporté à la Société d'agriculture de Clermont-Ferrand et de Mâcon, pour dire ces paroles :

1868

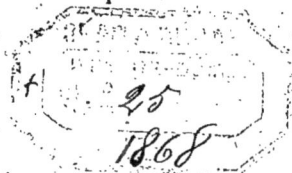

« L'emploi général du drainage est une faute colossale en
» France. Lorsqu'une terre doit son état marécageux à
» des sources souterraines, il faut drainer ; mais lors-
» qu'une terre doit son état marécageux aux eaux pluviales,
» il faut défoncer avec la pioche jusqu'à une profondeur
» de quatorze pouces pour loger les eaux pluviales néces-
» saires à la vie des plantes. » Les honorables membres
de la Société m'ont prié d'écrire et m'ont déclaré que le
drainage n'avait pas répondu à leur attente.

Mode de dessèchement qui a réussi en Angleterre.

Des agriculteurs anglais ont desséché et fertilisé des
terres, en pratiquant des puits perdus de distance en distance. Ce mode de dessèchement ne réussirait pas en
France, parce que les eaux pluviales qui descendent dans
les puits, ne pourraient pas remonter dans le temps de
sécheresse pour nourrir les plantes.

Je conclus que l'emploi général du drainage a réussi en
Angleterre, parce qu'il pleut trop en Angleterre.

Je conclus que l'emploi général du drainage a échoué en
France, parce qu'il ne pleut pas trop en France.

Je conclus que les eaux pluviales en France sont absolument nécessaires à la vie des plantes.

Je conclus qu'il faut défoncer les terres marécageuses de
la France avec la pioche, dans le but de loger dans le sein
de la terre les eaux pluviales nécessaires dans les sécheresses
pour prolonger la vie des plantes.

Je conclus que le défoncement pour augmenter l'épaisseur du sol végétal afin de loger les eaux pluviales, est
une des principales bases de la science agricole.

Je défends ma doctrine par des faits éclatants. J'avais
une terre marécageuse dans une plaine ; tous les cultivateurs

me conseillaient de drainer pour améliorer ma terre ; j'imite les cultivateurs anglais, je fais une fosse de quatre pieds de profondeur aussi longue que l'endroit marécageux ; je laisse cette fosse ouverte pendant quatre mois, sans apercevoir aucun vestige de source, je jette dans la fosse la terre extraite, et l'état marécageux disparaît complétement.

Ce fait prouve manifestement que les eaux pluviales arrêtées à douze pouces de profondeur par une couche imperméable, étaient la vraie cause de l'état marécageux de ma terre, et j'aurais fait une faute en employant le drainage, ce que me conseillaient tous les cultivateurs. En défonçant ma terre avec la pioche, je loge dans les entrailles de la terre les eaux pluviales absolument nécessaires à la vie des plantes.

Haute question agricole.

En France, les neuf dixièmes des terres marécageuses ont besoin d'être défoncées avec la pioche pour devenir fertiles en logeant les eaux pluviales.

En France, un dixième seulement des terres marécageuses doit son état humide aux sources souterraines, et ce dixième sera fertilisé par le drainage.

Dans le voisinage du Puy-de-Dôme, il y a des cantons entiers marécageux qui ont besoin d'être défoncés pour loger les eaux pluviales. Aux environs d'Ambert et de Thiers, il y a des cantons qui ont besoin d'être défoncés avec la pioche pour cesser d'être marécageux. Dans le département du Cantal, j'ai vu des montagnes marécageuses qui ont besoin d'être défoncées avec la pioche pour être capables de loger les eaux pluviales.

Enfin, dans mes voyages, j'ai vu en France, dans tous les départements, des terres humides, qui ont besoin d'être défoncées avec la pioche pour devenir fertiles.

Je conclus que les eaux pluviales sont un présent du ciel qu'il faut loger dans le sein de la terre.

Je conclus que les neuf dixièmes des terres marécageuses en France, doivent leur excès d'humidité aux eaux pluviales.

Je conclus que le drainage est une faute colossale, lorsqu'il a pour but de débarrasser des terres humides des eaux pluviales superflues.

Je conclus que les terres rendues marécageuses par les eaux pluviales ont toujours besoin d'être défoncées avec la pioche pour loger les eaux pluviales absolument nécessaires à la vie des plantes.

Je conclus qu'il faut drainer lorsque la terre doit son état marécageux aux sources souterraines.

Mes propres essais et mes observations sur le drainage renferment la plus grande instruction pour les cultivateurs de la France et de l'Europe.

J'achète à vil prix des terres marécageuses, je fais des rigoles pour obtenir un dessèchement, l'état marécageux de mes terres reste stationnaire contre mon attente.

Je cultive ces terres ; dans les endroits non marécageux, on bêchait de pleine bêche, et toute la récolte réussissait. Dans les endroits marécageux, l'on ne pouvait pas enfoncer toute la bêche dans la terre, et aucune récolte ne pouvait prospérer. Plusieurs de mes voisins ont réussi à dessécher leur terre en multipliant les rigoles, mais ils n'ont pas réussi à fertiliser leurs champs, leurs récoltes étaient détruites par la sécheresse.

Je conclus que les eaux pluviales en France ne sont jamais superflues, qu'elles sont nécessaires à la vie des plantes, et qu'il faut pour fertiliser loger dans le sein de la terre les eaux pluviales en augmentant l'épaisseur du sol végétal.

Je conclus que l'emploi général du drainage pour dessécher les terres humides est une faute colossale en France.

Je conclus que l'on doit, en France, dessécher les neuf dixièmes des terres humides, en donnant au sol végétal une épaisseur de quinze pouces.

Erreur grave sur les terres marécageuses.

En voyant des terres humides les agriculteurs français sont persuadés que ces terres ont trop d'eau ; ils sont dans une erreur grave, l'eau n'est pas trop abondante, mais la couche de terre végétale n'est pas assez profonde pour loger dans son sein les eaux pluviales nécessaires à la vie des plantes.

Quels sont les moyens à employer pour fertiliser les terres marécageuses en France ?

J'enseigne trois moyens : le plus naturel est de défoncer avec la pioche jusqu'à une épaisseur de quinze pouces.

S'il n'est pas possible de défoncer avec la pioche, on peut augmenter l'épaisseur du sol végétal, en portant de la terre sur les surfaces humides et, en donnant aux terres marécageuses, une épaisseur de quinze pouces.

S'il n'est pas possible d'avoir de la terre pour couvrir les endroits marécageux, on peut augmenter l'épaisseur du sol végétal, en couvrant de petites pierres les terres humides. Les vignerons du Vivarais ont augmenté l'épaisseur du sol végétal, en couvrant leurs terres de petites pierres, et ils ont augmenté les produits de leurs vignes au-delà de leur attente.

J'enseigne que l'on peut augmenter l'épaisseur du sol végétal, en défonçant, en portant de la terre ou des pierres.

J'ai vu des terres d'une grande étendue, que l'on avait rendues marécageuses en les épierrant. Je donne raison de la cause de l'état marécageux des terres dépouillées des pierres qui les couvraient. Ces terres d'une grande étendue, couvertes de petites pierres, avaient une épaisseur assez grande pour loger les eaux pluviales ; ces mêmes terres épierrées, sont devenues marécageuses et stériles, parce que la couche de terre végétale a manqué d'une profondeur assez grande pour loger les eaux pluviales.

J'ai fait des efforts pour expliquer aux cultivateurs que les pierres fertilisent une terre en augmentant son épaisseur; mais les paysans n'ont jamais pu me comprendre. Lorsque je disais que les cultivateurs faisaient une faute en épierrant, ils me disaient : « Pauvre Monsieur, que voulez-vous que » fassent des pierres dans une terre. » Je pense que les agriculteurs lettrés comprendront facilement que les pierres fertilisent les terres en donnant de l'épaisseur à la couche végétale, et en logeant dans le sein de la terre les eaux pluviales absolument nécessaires à la vie des plantes.

Haute question philosophique.

Quelles sont les causes de la dégradation de la planète que nous habitons?

J'enseigne que la cause de l'horrible dégradation de notre planète est unique; j'enseigne que la culture des montagnes est la cause unique de l'horrible dégradation de la planète que nous habitons.

Je défends ma doctrine par des faits historiques et éclatants. La Suisse, dans les trois quarts d'un siècle, a perdu la cinquième portion de son territoire en cultivant les montagnes ; les montagnes de la Suisse où l'on voyait de majestueuses forêts présentent aujourd'hui des roches et des ravins.

En allant du grand Saint-Bernard au petit Saint-Bernard, je m'arrête au village de la Tuile, je parle ainsi à un cultivateur : Vous cultivez vos montagnes, est-ce que les orages n'entraînent point la terre végétale? « Tous les ans, me répond le cultivateur, des terres sont détruites par les tempêtes et les terres dépouillées de la couche végétale deviennent stériles. »

Réflexion.

Les paroles de ce paysan : « Tous les ans des terres sont détruites par les orages, » renferment pour la France et l'Europe une grande instruction. Ces paroles apprennent que la culture des montagnes est une faute colossale que les chefs politiques et les législateurs doivent réprimer par de sages lois. Il est manifeste que les résultats du déboisement des montagnes sont terribles et dévastateurs.

Question philosophique.

La Suisse peut-elle reprendre son ancienne splendeur ?

Je réponds très-affirmativement, pour restaurer son pays, pour fertiliser son pays, la Suisse a quatre choses à faire. La Suisse doit fixer les eaux pluviales là où elles tombent, la Suisse doit défoncer et boiser ses montagnes et ses ravins, la Suisse doit convertir en prairies les collines dont la pente est rapide, la Suisse dans les vallées doit creuser de nouveaux lits aux rivières.

Première réflexion.

Le gouvernement de Sion a voté plusieurs millions pour creuser un nouveau lit au Rhône. J'enseigne que le gouvernement de Sion emploie un remède palliatif s'il creuse un nouveau lit au Rhône sans fixer les eaux pluviales là où elles tombent, parce que les pierres et les rochers conduits par les torrents combleront le nouveau lit du Rhône comme ils ont comblé l'ancien lit de ce fleuve. Si la riche vallée de Sion est devenue un marais, c'est parce que l'ancien lit du Rhône est comblé par les pierres et les rochers descendus des montagnes.

Seconde réflexion.

Il y a projet en France de faire de Paris un port de mer en creusant le lit de la Seine. J'enseigne que cette réparation dispendieuse sera un remède palliatif, si les eaux pluviales ne sont pas fixées dans les terres où elles tombent; parce que les pierres et les rochers conduits par les torrents combleront sans cesse le lit de la Seine.

Je conclus qu'il faut à tout prix fixer les eaux pluviales dans les terres où elles tombent pour obtenir de vrais progrès dans l'agriculture, dans l'hygiène et dans la régularité des fleuves.

Je conclus que la fixation des eaux pluviales là où elles tombent est la grande base de tous les progrès dans l'agriculture et le commerce.

Troisième réflexion.

Bien des personnes condamnent mon projet de fixer les eaux pluviales où elles tombent comme gigantesque et chimérique, je déclare que mon projet de fixer les eaux pluviales où elles tombent est très-praticable et peu dispendieux.

Pour boiser une montagne, il faut exproprier, défoncer et semer à la vérité; mais lorsqu'une montagne sera devenue une forêt, elle se vendra souvent plus qu'elle a coûté au Gouvernement. Je déclare que le boisement des montagnes en France ne demande que des bras robustes qui abondent en France.

Ce que j'ai dit du boisement des montagnes s'applique aux marais, aux étangs, aux lacs desséchés; la vente des surfaces humides desséchées dépassera quelquefois les dépenses des desséchements.

Un mot sur la Plaine de Montferrand.

Que faut-il faire pour fertiliser et assainir la plaine de Montferrand ?

Il n'y a rien de si facile : dans les dépressions il faut pratiquer des canaux pour ramasser toutes les eaux de la plaine et convertir en coulisses les nombreux fossés qui entre-coupent les champs. Dans le fond des fossés, il faut jeter un lit de paille et ensuite combler les fossés avec de la terre et les cultiver. Dans la plaine de Montferrand, les terres humides doivent leur état marécageux à des sources souterraines, et il faut drainer dans la majorité des cas.

Je conclus que fertiliser c'est assainir.

Je conclus qu'assainir c'est fertiliser.

Un mot sur la Sologne.

Que faut-il faire pour fertiliser et assainir la Sologne ?

Dans les dépressions, il faut creuser des canaux pour ramasser les eaux ; lorsqu'une terre doit son état marécageux à des sources souterraines, il faut drainer, il n'y a pas de doute ; lorsqu'une terre doit son état marécageux aux eaux pluviales, il faut défoncer pour loger les eaux pluviales.

Je conclus que pour assainir et fertiliser la Sologne, il faut détruire les surfaces humides.

Je conclus que pour assainir la Sologne, il faut supprimer tous les étangs, vraie source des miasmes lorsqu'ils viennent à dessiccation.

Quelques mots sur la Palestine.

Les voyageurs de nos jours donnent une description de la Palestine très-inférieure au tableau brillant tracé par Moïse. J'en donne raison : du temps de Moïse, les eaux pluviales fixées où elles tombaient, donnaient naissance à

mille sources qui alimentaient les vallées. Les enfants de
Jacob, aussi imprévoyants que les Français de nos jours,
déboisèrent les montagnes et cultivèrent les montagnes,
et ils perdirent tout à la fois les montagnes et les riantes
vallées. Les orages entraînèrent la terre végétale des montagnes et remplirent les vallées de pierres et de rochers.

Je conclus que l'horrible dégradation de la Palestine doit
être rapportée à une seule cause, je veux dire à la culture
des montagnes.

Je conclus que pour restaurer la Judée, il faut fixer
les eaux pluviales là où elles tombent.

Un mot sur la commune de Mirefleurs.

Le village de Mirefleurs où j'ai reçu le jour, est une
parfaite image de tous les pays dégradés. Ce village a perdu,
dans un demi-siècle, la cinquième partie de son territoire,
en déboisant et en cultivant la montagne de Saint-Romain.
Les trois vallées qui aboutissent au mont Saint-Romain
étaient remplies d'arbres géants qu'admiraient les étrangers. Cinquante ans après le déboisement, les habitants qui
avaient admiré les forêts majestueuses du mont Saint-Romain, ont été désolés par le spectacle des roches et des
ravins. La commune de Mirefleurs, en perdant sa belle
montagne, a encore perdu la fertile plaine des Alouches,
couverte de pierres conduites par les torrents de la montagne de Saint-Romain.

La commune de Mirefleurs peut-elle rendre à son ter-
roir son ancienne splendeur? Je réponds très-affirmativement : pour restaurer Mirefleurs, il faut défoncer et boiser
Saint-Romain; il faut fixer les eaux pluviales là où elles
tombent, en couvrant le mont Saint-Romain par des forêts
ou des prairies.

Parallèle entre le village de Mirefleurs et le village du Mont-Dore.

La topographie de Mirefleurs ressemble à celle du Mont-Dore. Le village de Mirefleurs est entouré de hautes montagnes excepté du côté du couchant ; cependant les habitants de Mirefleurs sont obligés, dans les sécheresses, d'aller chercher de l'eau de l'Allier pour les besoins du ménage, tandis que le village du Mont-Dore donne naissance à la Dordogne. J'en donne raison : les eaux pluviales sont arrêtées où elles tombent par les prairies des montagnes. Dans les jours d'orages, il sort autant d'eau de la commune de Mirefleurs pour tomber dans l'Allier qu'il en sort du lac de Genève pour former le Rhône. Si les eaux pluviales qui sortent dans les tempêtes étaient fixées dans les endroits où elles tombent, elles rendraient des services immenses, elles formeraient des lacs souterrains et donneraient naissance à une infinité de sources bienfaisantes. Si le village du Mont-Dore cultive ses montagnes comme Mirefleurs, le Mont-Dore, dans un demi-siècle, sera dégradé comme Mirefleurs.

Je conclus que la culture des montagnes est une faute très-colossale.

Je conclus que la culture des montagnes a dégradé tous les pays du monde.

Je conclus que pour restaurer notre planète, il faut fixer les eaux pluviales là où elles tombent.

J'annonce à mes lecteurs que mon grand-père a vu toute la splendeur de Mirefleurs et toute sa dégradation ; de plus il a été victime du déboisement de Saint-Romain. Mon grand-père a perdu dans la montagne plusieurs terres dépouillées du sol végétal ; il a aussi perdu plusieurs terres dans la plaine des Alouches, couverte de pierres conduites par les torrents descendus du mont Saint-Romain. Je le dis une seconde fois, Mirefleurs a perdu la cinquième portion de son territoire, parce que l'on a déboisé la montagne de Saint-Romain, et cette terrible dégradation est arrivée dans l'espace de cinquante ans.

Pline le naturaliste, Buffon, Jean-Jacques Rousseau et d'autres célèbres écrivains enseignent que des terres stériles aujourd'hui, ont été fertiles autrefois. J'exhorte de toutes mes forces les Européens à se persuader que la culture des montagnes a été la grande cause de la dégradation du globe, et que le déboisement des montagnes a bouleversé la Suisse dans l'espace de trois quarts de siècle. J'exhorte de toutes mes forces tous les peuples du monde à se persuader qu'il faut fixer les eaux pluviales là où elles tombent pour restaurer notre planète horriblement dégradée.

Haute question économique.

J'arrive à une haute question qui occupe la France et l'Europe depuis plus d'un siècle. Cette haute question consiste à boiser les montagnes et à dessécher les marais.

J'enseigne que bien souvent une montagne boisée se vendra ce qu'elle a coûté ; j'enseigne que bien souvent un marais desséché se vendra ce qu'il a coûté.

Je conclus que le boisement des montagnes, que le dessèchement des marais ne sont point gigantesques, et qu'ils doivent être entrepris à tous prix, pour combattre contre la famine et le choléra.

Un mot sur l'Algérie.

L'Algérie de nos jours est moins belle, moins fertile, moins saine qu'autrefois; la culture des montagnes a été dans l'Algérie un grand fléau comme en France et en Europe.

Que faut-il faire pour restaurer, pour fertiliser, et pour assainir l'Algérie? Il faut fixer les eaux pluviales là où elles tombent. Si en France et dans l'Algérie, les eaux pluviales étaient fixées là où elles tombent, les grands résultats seraient incalculables. Les débordements des rivières et des fleuves, cesseraient d'être des fléaux; toutes les vallées de l'Algérie et de la France seraient pleines de sources et d'arbres à fruits; les fleuves ne débordant plus, la dessiccation des lacs produits par les rivières, n'empoisonnerait plus l'air que nous respirons.

J'enseigne que les marais, que les étangs, que les lacs, lorsqu'ils viennent à dessiccation, sont les sources de tous les miasmes qui produisent le choléra, le typhus, la fièvre jaune et la peste.

Assainir c'est fertiliser, fertiliser c'est assainir; combattre contre le choléra, c'est combattre contre la famine et le paupérisme; combattre contre le paupérisme et contre la famine, c'est combattre contre le choléra.

Grande utilité des forêts.

Des naturalistes enseignent que les forêts abattent l'ardeur des rayons du soleil, et modèrent l'électricité. Des médecins enseignent que les miasmes étrangers importés par les courants, sont émoussés en traversant une forêt; ils enseignent que les arbres améliorent l'air que nous respirons, en absorbant une grande quantité de carbone. Les agriculteurs enseignent que les pins et les sapins fertilisent des terres stériles, en les couvrant d'un terreau provenant du détritus de leurs feuilles.

Je conclus que les forêts renferment tous les avantages sans aucun inconvénient.

Je conclus que les forêts sont le grand ornement du globe que nous habitons.

Je conclus que les arbres doivent concourir à la perfection de l'air que nous respirons.

Je proclame la plus haute question de l'agriculture. Cette fameuse question consiste à fixer les eaux pluviales là où elles tombent. Le boisement des montagnes est de la plus haute importance pour fixer les eaux pluviales : cependant les forêts ne sont pas nécessaires, les eaux pluviales sont fixées sur les montagnes du Mont-Dore par les prairies. Les eaux pluviales seront fixées sur les montagnes couvertes de vignobles, par l'établissement d'un grand nombre de fossés.

Réflexion.

J'ai visité une vigne située sur une montagne à Clermont-Ferrand dans laquelle il y a un fossé de trente pieds de longueur et de cinq pieds de profondeur ; les résultats de ce fossé sont immenses. Non-seulement ce fossé prévient la dégradation de cette vigne, mais encore ce fossé alimente cette vigne par le terreau que le vigneron intelligent sort du fossé deux fois par an.

Je conclus qu'il est aussi utile que facile de fixer les eaux pluviales là où elles tombent dans les montagnes couvertes de vignes.

Je conclus qu'il faut fixer les eaux pluviales là où elles tombent pour restaurer la France, pour assainir la France, pour embellir la France, pour enrichir la France.

Assainir c'est fertiliser.
Fertiliser c'est assainir.

Ces importantes vérités offrent quelques exceptions. Il est certain que le Nil est le nourricier de l'Egypte et tout à la fois la cause unique de l'insalubrité de l'Egypte. Toutes les maladies épidémiques qui affligent les Egyptiens sont produites par les inondations du Nil, par le lac Mœris et par les canaux qui entrecoupent le sol égyptien.

Il y a un projet en France de faire une saignée au Rhône

pour arroser quelques provinces. Il est certain et très-certain que cette saignée sera pour la France tout à la fois une grande cause de fertilité et une grande cause d'insalubrité. Il est certain que l'établissement d'un canal est une cause d'insalubrité pour tous les pays du monde; mais je ne condamne pas les intérêts économiques, mais j'enseignerai toujours qu'il faut détruire les surfaces humides pour assainir un pays. J'enseignerai toujours que les surfaces humides donnent naissance à tous les miasmes, lorsque ces surfaces viennent à dessiccation. J'enseignerai toujours qu'un chemin de fer n'est pas une cause d'insalubrité, et j'enseignerai toujours qu'un canal engendre des miasmes dangereux lorsqu'il vient à dessiccation.

Question philosophique.

La nature a-t-elle donné à l'homme la puissance de s'accoutumer aux miasmes comme la nature a donné à l'homme la puissance de s'accoutumer aux basses et aux chaudes températures et à toutes les injures de l'air?

Je réponds très-négativement, dans l'île de Madagascar, dans la Nouvelle-Orléans, dans l'Amérique entière, les indigènes abandonnent leurs établissements malsains, se retirent dans les montagnes et dans les bois pendant toute la saison des miasmes pour éviter une mort moralement certaine.

Origines des Miasmes.

Les miasmes sont produits toujours et toujours par la putréfaction des animaux et par la putréfaction des œufs des reptiles et des poissons, les putréfactions des végétaux placés au nombre des sources des miasmes dangereux sont des erreurs. Les surfaces humides qui viennent à dessiccation sont les sources ordinaires des miasmes, de la peste, du choléra et de la fièvre jaune, les animalcules, un dérangement de l'électricité, une nourriture grossière ne sont point des causes des épidémies qui dépeuplent les villes, les provinces et les empires.

Saisons des Miasmes.

Les saisons des miasmes dans la Sologne, dans les Marais pontins, en Egypte, sur le littoral de Madagascar, sur le littoral du Mexique, sur les rives du Gange, sur les rives de l'Amazone commencent après deux mois de sécheresse. L'exhalaison des miasmes coïncide toujours et toujours avec les dessiccations des surfaces humides et la putréfaction des substances animales.

Durée de la saison des Miasmes.

La saison des miasmes dans tous les pays, en Europe, en Afrique, en Asie et en Amérique commence après une sécheresse de deux mois, et elle dure jusqu'au retour des pluies. Cette fatale saison est malheureusement trop longue en Egypte; la saison des miasmes commence deux mois après la retraite du Nil, et elle dure jusqu'à une nouvelle invasion du Nil. La fatale saison des miasmes peut durer en Europe, en Asie, en Afrique et en Amérique la moitié de l'année, dans quelques endroits; dans d'autres pays, elle ne dure que quatre ou cinq mois.

J'exhorte de toutes mes forces tous les peuples de la terre à unir leurs efforts pour assainir la planète que nous habitons. Il faut fixer les eaux pluviales là où elles tombent à tout prix. Il faut boiser les montagnes à tout prix. Il faut détruire les surfaces humides à tout prix, pour donner au progrès de l'agriculture une solide fondation.

Clermont, typ. Ferd. Thibaud.

AVIS AUX LECTEURS.

La terrible peste du quatorzième siècle peut revenir et même plus terrible.

Quelles ont été les causes de la terrible peste du quatorzième siècle ?

J'enseigne que les dessiccations des surfaces humides ont produit les miasmes qui, dans ce siècle, ont dépeuplé l'Europe.

J'enseigne que pour assainir notre planète, il faut détruire les surfaces humides.

J'enseigne que pour détruire les surfaces humides, il faut commencer par boiser les montagnes, et prévenir les débordements des rivières.

SOMMAIRE.

J'enseigne que l'emploi général du drainage est une faute colossale.

J'enseigne que le déboisement des montagnes a dégradé la planète que nous habitons.

J'enseigne que les miasmes du choléra, de la peste, de la fièvre jaune, du typhus, sont tous produits par la dessiccation des surfaces humides.

J'enseigne qu'il faut mettre au nombre des fables les animalcules, l'électricité, la puissance magnétique, l'influence des comètes et des astres dans le choléra.

J'enseigne que la putréfaction des animaux et des œufs des poissons et des reptiles donne naissance à tous les miasmes qui dépeuplent les provinces et les empires.

J'enseigne que pour restaurer la planète que nous habitons, il faut fixer les eaux pluviales là où elles tombent.

J'enseigne que pour fertiliser et assainir notre planète, il faut fixer les eaux pluviales là où elles tombent.

J'enseigne que pour fixer les eaux pluviales sur les montagnes, il faut les défoncer avec la pioche et les couvrir de forêts.

Clermont, typ. Ferd. Thibaud.

41

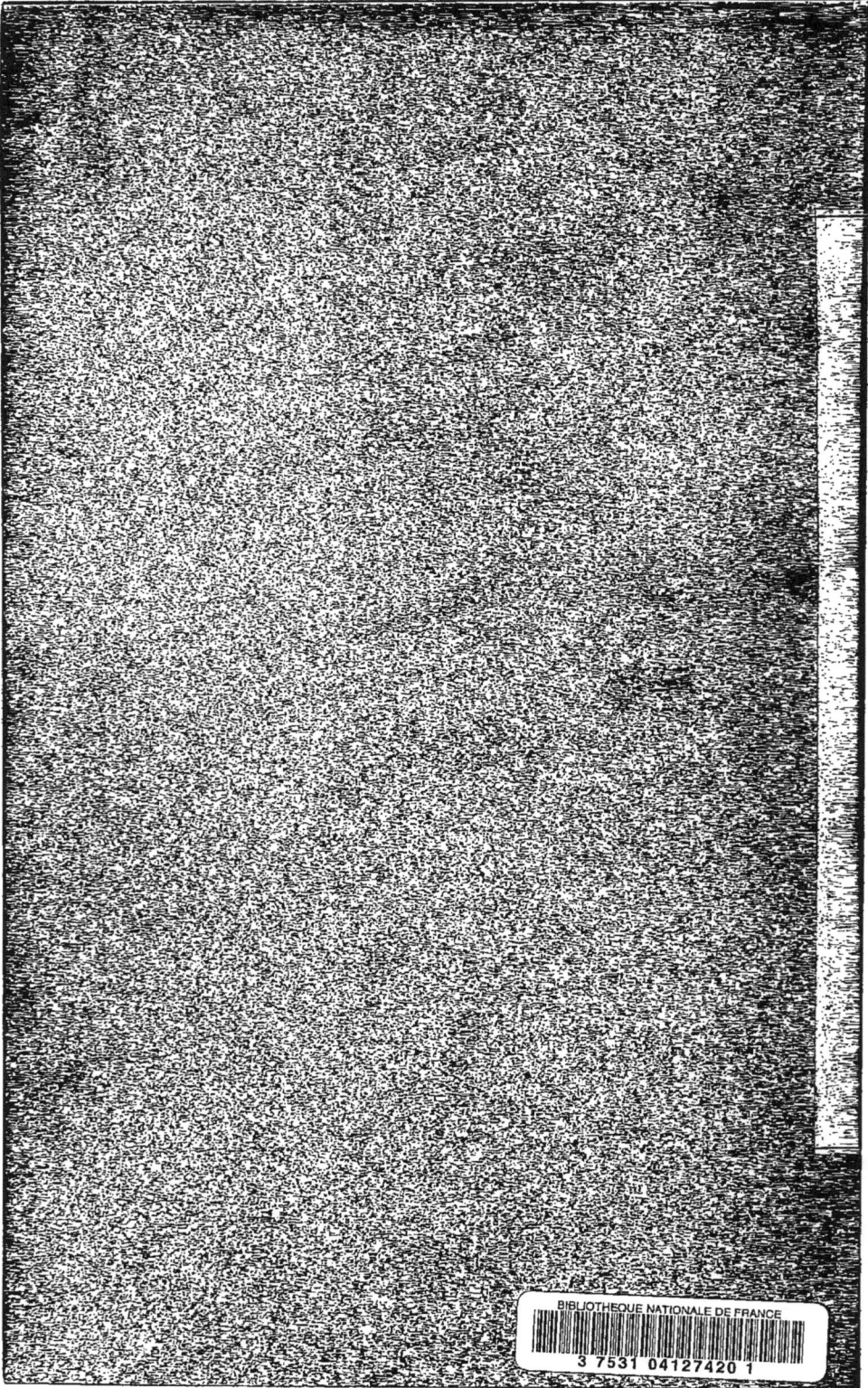

www.ingramcontent.com/pod-product-compliance
Lightning Source LLC
Chambersburg PA
CBHW060518200326
41520CB00017B/5093